知 美

遇见生活中的美好

知 美

第一个裱花蛋糕

给初学者的方法和窍门

张伟珊 著

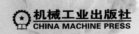

机械工业出版社
CHINA MACHINE PRESS

本书是作者总结多年裱花蛋糕的成功教学经验，将自己在蛋糕制作过程中的方法和窍门用文字、图片和视频形式分享的书籍。

本书非常适合初学者，帮助他们快速、轻松地制作出栩栩如生、甜美可人的裱花蛋糕。书中教学逻辑清晰、步骤详细，从蛋糕制作、裱花霜调制、植物调色、蛋糕抹面、裱花工具选择，到各色植物的裱制方法、蛋糕造型的设计。

文中穿插了大量实用性极强的制作小窍门，还针对不同植物，精心录制了20个植物裱制视频，让学习者更为直观地结合图、文、视频学习。除此之外，作者还将自己精心设计和制作的十几个蛋糕用图例形式分享给大家，学习者可以直接复制、参考，针对节日蛋糕，还更为详细地分步骤进行了讲解。

希望从未接触过裱花蛋糕的新手，在读过本书之后，也能成功制作出自己满意的第一个裱花蛋糕。

图书在版编目（CIP）数据

第一个裱花蛋糕：给初学者的方法和窍门 / 张伟珊著.
— 北京：机械工业出版社，2018.11（2023.2重印）
ISBN 978-7-111-61247-6

Ⅰ . ①第… Ⅱ . ①张… Ⅲ . ①蛋糕 – 糕点加工 Ⅳ . ①TS213.2

中国版本图书馆CIP数据核字（2018）第249856号

机械工业出版社（北京市百万庄大街22号 邮政编码100037）
策划编辑：丁 悦　　责任编辑：丁 悦
封面设计：吕凤英　　责任校对：李 杉
责任印制：孙 炜
北京华联印刷有限公司印刷

2023年2月第1版第3次印刷
185mm × 240mm・8.5印张・1插页・197千字
标准书号：ISBN 978-7-111-61247-6
定价：69.80元

序

女孩，或是女人会不会都有一个拥有甜品店的梦？干净明亮的橱窗里，阳光肆意地洒在那些可爱的甜品上，日日做着甜美的蛋糕，甜了自己，也甜了别人，这样的梦，我曾无数次做过……

我一直觉得一份甜美的食物就像一份甜蜜的爱，制作它的时候我们会想着和这份爱有关的种种，然后将它们融入奶油中……

记得最初爱上烘焙的时候，我曾为先生精心制作巧克力曲奇，将它们细心摆进小盒子，让他带去单位，待工作之余填补疲惫，然后想象着他一块接一块吃下的样子……

也记得和好友们窝在柔软的沙发中，享受午后暖暖的阳光和满溢着樱桃酒香的乳酪布丁，谈天、谈地、谈生活……

还记得小小的儿子踮着脚尖趴在烤箱边，可怜巴巴地盯着烤箱中快要出炉的手指饼干，不时回过头问我："妈妈，还有多久才能好？"

我想，爱上烘焙，不为别的，正为它用一份小小的甜蜜，将我们生活中的爱串联在了一起。

对于裱花蛋糕，还记得第一次看到它时被它深深吸引的情景。初学时，国内了解它的人还很少，我托朋友联系到韩国的老师，为了我心心念念的裱花蛋糕独自在一个语言不通的地方学习，初学时其实并没有忐忑，我想，做喜欢的事，可能满心都是期待和欣喜吧。虽然学习的过程难免碰壁，但幸好，在漫长的一段路后，我可以将路上遇到的磕绊记录下来，让正在读这些文字，希望学习制作裱花蛋糕的你们看到。我想，有了这些技巧和方法，你们会在制作的过程中收获更多的信心和力量吧！

现在，那些在我脑海中时常浮现的关于甜品的美好情景又因为自己的裱花蛋糕培训师身份而多了一份幸福，每每想起我的学生在装饰完自己的蛋糕后脸上洋溢的笑容，我便觉得烘焙真的赋予我太多太多，我愿意将这份甜蜜的幸福分享给更多人，让你也拥有一份传达爱的能量。

即使你对裱花蛋糕一无所知，也没关系，对于裱花的喜爱和对于想要把爱传送给生命中重要的人的心情是你完成蛋糕的最大动力，而我愿意为你拨开你所想象的那些荆棘……

张伟珊
2018 年 秋

目 录

Chapter 2　植物的裱制

Chapter 3　裱花蛋糕的造型

Chapter 4　主题裱花蛋糕

制作裱花蛋糕的基本流程

‖ 基础工具

分蛋器、电子秤、面粉筛、手持打蛋器、电动打蛋器、
刮刀、蛋糕模具、烤箱、煮水小锅、温度计、裱花钉、
裱花剪、花嘴

‖ 基础原料

1个6寸戚风蛋糕、2份韩式透明奶油霜

‖ 制作步骤

❶ 烤制6寸戚风蛋糕。

❷ 制作韩式透明奶油霜（2份）。

❸ 裱制花朵。

❹ 蛋糕胚抹面。

❺ 花朵的组装。

❻ 蛋糕制作完成。

Chapter 1

裱花蛋糕的基础

- 蛋糕制作的基础工具
- 蛋糕胚的原料和制作
- 奶油霜的原料和制作
- 裱花颜色的调制和搭配
- 裱花蛋糕的抹面

蛋糕制作的基础工具

制作裱花蛋糕需要用到很多工具，大致可以分为两类：一类是用来烤制蛋糕，一类是用来做蛋糕装饰。我从繁杂的工具中挑选出必备的工具介绍给大家。

蛋清分离器

用于把鸡蛋的蛋清和蛋黄分离

手持打蛋器

用于简单的混合和搅拌

筛子

用于各种粉类的过筛

各类尺寸的盆和碗

用于各种液体及粉末的称量

秤

用于材料的称重

刮刀

用于多种物质的混合、切拌

电动打蛋器

用于大功率或需要高速的搅拌

厨师机

更大功率的打蛋器，可以取代电动打蛋器，效率可以有更大的提升

模具

用于蛋糕糊的盛放

晾网

用于放置烤好后需要倒扣放凉的蛋糕

转台

蛋糕装饰时，放在转台上利于操作，尤其在蛋糕抹面阶段必不可少

抹刀

蛋糕抹面的工具，抹刀按照长短大小分为不同的尺寸，使用时，根据蛋糕的大小选取不同尺寸的抹刀

蛋糕分层器

蛋糕切片分层，能更均匀地进行分层

花嘴

不同型号的花嘴口径和形状不同，可以利用不同型号的花嘴裱制不同的花朵和花边装饰

花钉

盛放裱制出的单朵花朵

油纸

放置在花钉上，将不易挪取的花裱制在油纸上，将油纸和花一起冷冻，便于花朵的挪取

裱花袋

盛放裱花原料的袋子

转换器

快速更换花嘴的便捷工具

花钉托

存放裱花钉，帮助解决裱花过程中的突发情况

小锅

制作裱花原料时，熬煮原料的工具

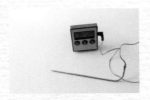

温度计

制作裱花原料时，测试熬煮原料的温度

裱花剪

帮助挪取和摆放裱制出的花朵

电陶炉

制作裱花原料时，熬煮原料的加热工具

烤箱

用于烤制蛋糕

戚风蛋糕

‖ 不同尺寸的蛋糕所需原料的配比

模具尺寸 . . . . .6寸（直径15厘米）

蛋黄	3 个
砂糖（放入蛋黄中）.	20 克
蛋清	3 个
砂糖（放入蛋清中）.	40 克
牛奶	38 克
玉米油	25 克
低筋面粉（过筛）.	75 克

模具尺寸 . . . . .8寸（直径20厘米）

蛋黄	5 个
砂糖（放入蛋黄中）.	40 克
蛋清	5 个
砂糖（放入蛋清中）.	80 克
牛奶	63 克
玉米油	42 克
低筋面粉（过筛）.	125 克

Tips 如果想做巧克力口味，可将低筋面粉中的15%替换为可可粉。

‖ 戚风蛋糕的制作步骤

1 准备工作：鸡蛋的蛋黄和蛋清分离，低筋面粉提前过筛，烤箱预热至160℃。

2 将蛋黄用手持搅拌器戳破，简单搅拌后，将砂糖倒入蛋黄液中，搅拌至砂糖全部溶解在蛋黄液中。

3 加入牛奶（如果没有牛奶，可以换成等量的水）和玉米油，用手持打蛋器搅拌均匀。

Tips 烤箱的预热温度比实际烘烤时的温度略高，因为开烤箱门放模具进去时，会使烤箱内部的温度降低，因此在预热时，提前将烤箱温度调高一点，就不至于在放入模具后因烤箱温度骤降而出现烤制问题。

④ 将已经筛过两次的低筋面粉分多次筛入步骤3的混合液中。每次少量筛入，每筛入一点，便用手持打蛋器搅匀，然后再筛入下一批。

⑤ 多次筛入低筋面粉后，保持一个方向搅拌，直到面糊液均匀融合。

⑥ 用电动打蛋器或厨师机中速打发分离后的蛋清，之后分三次加入准备好的砂糖，最后把蛋清打发，提起打蛋机，顶部被打发的蛋清呈直立到的尖角状。

⑦ 用刮刀盛出1/3的蛋清，放入步骤5搅拌好的面糊中；用刮刀从两点钟的位置切向8点钟的位置，再反手轻轻扣回到2点钟位置。

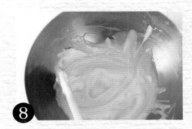

⑧ 不断重复上述动作，直到面糊和放入的蛋清均匀混合，看不到白色蛋清为止。

⑨ 把步骤7搅拌好的面糊倒回至打发好的剩余蛋清中。

 整个过程的动作要尽可能轻一些，不要使劲按压蛋清，也千万不要画圈搅拌，否则会令蛋清消泡而影响蛋糕的膨发。

⑩ 用步骤7的手法，不断地重复切拌动作，直到蛋黄糊和蛋清均匀混合。

⑪ 把均匀混合的面糊倒入蛋糕模具中，在桌子上轻震几下模具之后将其入炉烘烤。用上下火150℃的温度烤45分钟。

⑫ 蛋糕烤好后，将其正面朝上在桌上震几下，然后立刻倒扣，待其凉凉后即可脱模备用。

Tips 当蛋黄糊和蛋清糊已搅拌均匀，看不到白色蛋清时，就立刻停止切拌。过度切拌会导致蛋白消泡，影响蛋糕的膨发。

海绵蛋糕

不同尺寸的蛋糕所需原料的配比

模具尺寸 . . . . .6寸（直径15厘米）

全蛋 3个
白砂糖 100克
水饴 .35克
牛奶 .54克
无盐黄油 33克
低筋面粉（过筛） 100克

模具尺寸 . . . . .8寸（直径20厘米）

全蛋 5个
白砂糖 150克
水饴 .75克
牛奶 .90克
无盐黄油 55克
低筋面粉（过筛） 180克

Tips 如果想做巧克力口味，可将低筋面粉中的15%替换为可可粉。

海绵蛋糕的制作步骤

❶ 准备工作：称量所需材料，黄油提前融化成液态，低筋面粉提前过筛，烤箱预热至170℃。

❷ 牛奶加入融化的无盐黄油中备用。

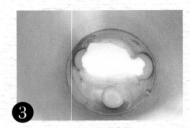

❸ 准备一个容器，把全蛋、砂糖、水饴倒入容器中。

Tips 烤箱的预热温度比实际烘烤时的温度略高，因为开烤箱门放模具进去时，会使烤箱内部的温度降低，因此在预热时，提前将烤箱温度调高一点，就不至于在放入模具后因烤箱温度骤降而出现烤制问题。

④ 找一个比步骤3中容器稍大的盆，倒入适量的凉水，把步骤3中的容器坐入盛水的盆内，并将它们一起放在电陶炉上，隔水加热。

⑤ 待全蛋、砂糖和水饴的混合物隔水加热至40℃时，将盛放全蛋、砂糖和水饴的容器从盆中取出。

⑥ 将全蛋、砂糖和水饴的混合物高速打发，打到面糊有光泽且用手持打蛋器在面糊表面划出"8"字且不消失的状态为止。

⑦ 分两次加入过筛的低筋面粉。

⑧ 用刮刀将面糊翻拌均匀。

⑨ 分两次倒入牛奶和无盐黄油的混合液中。

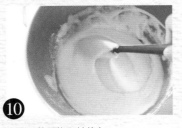

⑩ 用刮刀将面糊翻拌均匀。

⑪ 将面糊倒入模具，送入预热好的烤箱中，调整烤箱上下火至165℃，40分钟。

⑫ 待蛋糕烤好后，无须倒扣，待其凉凉后即可脱模备用。

奶油霜的原料和制作

奶油霜的基础原料

　　裱花蛋糕的装饰材料有多种制作方式，具体方法会在后文中详细介绍。这里我先把会用到的原料汇总在一起介绍给大家。

‖ 砂糖

推荐产品	**推荐理由**
韩国幼砂糖 其他幼砂糖	颗粒细小、易溶解、易搅拌

‖ 黄油

推荐产品和品牌	**推荐理由**
韩国白黄油（Seoul）	黄油颜色：极白，奶油霜质地通透洁白 调色难度：容易 成品颜色：晶莹透亮 口　　味：奶香浓厚

推荐产品和品牌	**推荐理由**
意大利柏札莱阿尔卑动物性发酵黄油（Alpilatte）	黄油颜色：黄油较白 调色难度：较容易 成品颜色：较优秀

推荐产品和品牌	**推荐理由**
法国总统（President） 法国铁塔（Elle & Vire）	黄油颜色：比上述黄油黄 调色难度：较难（越黄越难） 口　　味：香醇、可口

‖ 淡奶油

推荐产品和品牌
英国蓝风车（Millac）

推荐理由
乳脂含量：较高（打发后稳定）

备注：裱花蛋糕不需要彻底打发淡奶油，此款也适合制作普通淡奶油蛋糕。

‖ 奶油奶酪

推荐产品和品牌
凯瑞（Kiri）

推荐理由
颜色：较白
质地：细腻
口感：优秀（可以生吃）

‖ 糖粉

推荐产品和品牌
太古（各种品牌都可以选择）

推荐理由
容易购买

‖ 豆沙（白芸豆制作的豆沙）

推荐产品和品牌（韩国生产）
春雪

推荐理由
质地：较硬、细腻、黏性好
口味：甜中带有淡淡咸味
价格：较贵

白玉豆沙小包装（1kg）

质地：柔软、有黏性
价格：较贵

白玉豆沙大包装（5kg）

质地：适中
操作：简单（直接裱花）
价格：较贵

推荐产品和品牌（中国生产）
力创（普通版和低糖版）

推荐理由
颜色：较淡（多搅拌，颜色会白）
质地：黏性不如韩国豆沙，慢慢压拌后较细腻
价格：较低

京日

颜色：比力创较深
质地：黏性不如韩国豆沙，细腻程度比力创优秀
价格：较低

注：以上各种产品都可以在国内的网店中买到。

不同口味奶油霜的制作

韩式透明奶油霜

细腻顺滑，口味清淡，形状也很坚挺，是很常用的一款裱花奶油霜。尤其适合于新手练习使用。

‖ 所需原料

白砂糖（溶于水中）...100 克

水............40 克

蛋清（约 4 个蛋清）...145 克

白砂糖（溶于蛋清中）...40 克

无盐黄油........450 克

‖ 制作步骤

❶ 将砂糖分三次加入蛋清，用电动打蛋器或厨师机中速打发至硬性发泡（提起打蛋机顶部的蛋清呈直立的尖角状）。

❷ 在锅内放入砂糖和水，小火煮至 120℃，把 120℃的糖水一次性倒入打发好的蛋清中。然后用电动打蛋器或厨师机高速打发，使其变硬。

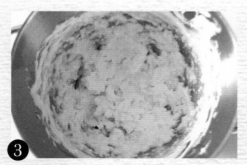

❸ 加入糖水后的蛋清冷却至常温（没有热气）。把黄油切片（切片前把黄油从冰箱拿出，恢复至常温）后，高速打发，加至蛋清中搅打一阵子。

❹ 待混合物黏稠，没有任何水珠时，即可使用。

Tips 一般情况下，步骤 3 中会出现出水或出豆渣状物质，这是因为黄油比较凉，或者一次性加入的黄油较多而造成的。出现这种情况时，不用担心，只要多搅打一阵就可以，如果着急，也可以将盆坐入约 40℃左右的温水中搅打，可以缩短搅打时间。

淡奶油奶油霜

　　细腻顺滑，口味清淡，质地跟韩式透明奶油霜几乎一样，但由于添加黄油的比例没有意式奶油霜的多，所以它的软化速度比意式奶油霜略快。

‖ 所需原料

无盐黄油 . . . . 200 克
淡奶油 . . . . 200 克
糖粉 . . . . 60 克

‖ 制作步骤

❶ 无盐黄油室温下软化，切小块放入大碗中。

❷ 黄油分次加入糖粉，用打蛋器低速搅打到顺滑即可。

❸ 淡奶油放至室温，分三到四次加入黄油中进行打发。

❹ 打至非常顺滑的状态即可。

奶酪奶油霜

　　质地非常厚重，奶酪味醇厚，是给奶酪爱好者的福利款。制作方法简便，是比较适合新手操作的一款裱花奶油霜。

‖ 所需原料

无盐黄油 . . . . 200 克

奶油奶酪 . . . . 300 克

糖粉 . . . . 150 克

‖ 制作步骤

❶ 称量原料,黄油和奶油奶酪分别室温软化。

❷ 黄油中加入糖粉,用电动打蛋器搅打至体积膨胀、颜色变浅,呈羽毛状。

❸ 倒入提前室温软化好的奶油奶酪块。

❹ 搅打至完全融合。

Tips 该配方中黄油和奶酪的比例可以自行调整,黄油越多,纹路越清晰,形状越坚挺。

豆沙奶油霜加黄油

　　因为含有豆沙，所以口感绵密。如果使用常规款豆沙来制作豆沙奶油霜，甜味略明显；如果使用低糖版的豆沙和淡奶油结合，味道清爽又香醇。除此之外，这款奶油霜还有一个更大的亮点，就是热量很低。

‖ 所需原料

用于裱花		用于抹面	
无盐黄油 . . . . 100 克		无盐黄油 . . . . 100 克	
白豆沙 . . . . 200 克		白豆沙 . . . . 100 克	

‖ 制作步骤

❶ 称量原料，黄油室温软化。

❷ 用手持电动打蛋器或厨师机低速打发黄油，将黄油打发至顺滑且呈羽毛状。

❸ 将豆沙分次，一点点地加入到打发好的黄油中，每加入一些后，继续低速打发，直到混合均匀再加入下一次的豆沙。

❹ 待所有的豆沙都均匀混合，即可使用。

注：该配方中黄油与豆沙的比例可视情况进行调整。

豆沙奶油霜加淡奶油

　　由于每个品牌豆沙的含水量不同，相同的品牌、不同的批次豆沙的含水量也不同，所以没办法精确淡奶油与豆沙的比例。淡奶油的加入量需根据豆沙的量而定，一定要少量多次地添加。若搅拌淡奶油后的豆沙偏干，可再加入一些淡奶油；当豆沙的状态适中，适合裱花时即可停止加入。

‖制作步骤

1 盛取原料至容器中。

2 在豆沙中倒入非常少量的淡奶油，进行搅拌。

3 搅拌会使豆沙奶油霜更细腻和柔软。

4 搅拌起来比较顺滑且其软硬度适合裱制花朵即可。

 豆沙奶油霜的软硬决定了塑造花形时的效果，因此豆沙奶油霜中的淡奶油一定不能加多，否则豆沙奶油霜的质地就会变软，无法塑造出非常立体的花形。每次添加淡奶油时，要少量多次，最好用滴管加入。

三原色调色原理

三原色色谱图

▌基本概念

- 色相：色彩的相貌，也就是色彩的名字。除了黑、白、灰以外，所有的颜色都具有色相。
- 明度：同一色相上，颜色深浅的变化。越浅的颜色，明度越高，加白提高明度，加黑降低明度。
- 纯度：用来表现色彩的鲜艳程度。颜色越鲜艳，纯度越高；颜色越浑浊，纯度越低。

▌三原色的基本调色原理

- 红、黄、蓝是三原色，它们不能通过其他颜色调出来，所有的颜色基本上都可以通过它们调出来。
- 由三原色两两等量调配而成的颜色——**黄加蓝调成绿色，黄加红调成橙色，红加蓝调成紫色**，我们把它们叫作间色，也就是上图中第二圈的颜色。
- 三原色与间色两两调配，间色与间色两两调配，得到上图中第三圈的颜色。
- 在色环上，位置呈 180° 角的两个颜色为互补色，互补色互相混合，会调出褐色，可以通过这个办法来改变颜色的纯度。

▌调色的基本步骤

- 确定色相——根据需要调制的颜色在三原色色谱图中的 12 色环中的位置，来选择色素型号。
- 确定明度——根据需要调制的颜色的深浅来决定色素的添加量，同时通过加入**白色素或黑色素**来控制明度的变化。
- 确定纯度——根据需要调制颜色的鲜艳程度，来决定是否需要加入互补色、咖色和黑色来降低颜色本身的纯度。

‖ 实物操作实例

先确定一个想要调出的颜色，比如我们想调出肤色。

如果在最开始我们不能确定想要调出的颜色在色环上的精确位置，可以大致在色环上圈定一个范围，如上图所示，阴影区是我们暂时圈定的范围。

我们在圈定的范围中发现，颜色分布在橙色区域，橙色是由它旁边的红色和黄色融合调配出来的，因此，我们首先要调配橙色。

❶ 调制一个黄色（也可以用红色开始调制），在奶油霜中加入惠尔通（wilton）的色素（lemon yellow），用牙签一点点加入，注意少量多次，避免错过我们希望得到的颜色。

❷ 再在黄色里加入一点点红色，得出左边的橙色。

❸ 观察，此时的颜色比肤色浓郁，纯度高。因此加入它的互补色降低纯度，从色环图找到橙色的互补色是深蓝色。加入一点点惠尔通的深蓝色（navy blue），调出盘子中左侧的颜色。

❹ 观察，为了调出肤色，要提高明度（提高明度加白，降低则加黑），可以加入没有调色的白色奶油霜与其融合，最终调出肤色。

注：多多练习，调出颜色的准确性和效率会大大提高。

颜色的搭配

　　在色环上，任意 60° 角范围内的颜色是邻近色，邻近色搭配在一起会比较协调，但搭配在一起的时候，不要使每种颜色的纯度都很高。

‖ 相邻色的自然搭配

- 蛋糕上所有花朵的色相都分布在色环从绿到黄的 60° 角范围内（阴影），这种在 60° 角内相互邻近的颜色叫邻近色搭配。
- 它们在色相上跨度不大，又紧紧相邻，所以搭配特别自然。

- 花朵的色相分布在色环中黄橙到橙红的 60° 角范围内。
- 蛋糕的邻近色使用原则也可以不完全限制在 60° 角的范围内，可以适当扩大范围。

 Tips 扩大范围的那部分颜色纯度不要太高，不要大面积出现。

- 图中裱花的颜色范围虽然在色相环上跨越了将近 90° 角，但是绝大部分花朵颜色的纯度不高，相对协调自然。

色相相同、明度不同的颜色和谐搭配

- 花朵的颜色只有橙色一个色相，但是在明度上有高有低，交错出浓郁或清雅的橙色花朵，这样的搭配非常协调、自然，视觉上也很舒服。

互补色搭配的色彩冲击

- 图中的裱花颜色在色环上呈180°角，为互补色，观察后发现大部分花朵的纯度并不高，而且选择了互补色中的一种为主色系，另一种辅助点缀，这样的搭配在视觉上拥有了强大的色彩冲击力。

Tips 搭配过程中，控制花朵颜色的纯度。

暖色系的搭配更有食欲

- 花色较暖的颜色，也可以搭配相对冷的颜色。
- 图中蛋糕胚面的颜色较冷，但裱制的花朵颜色相对艳丽，属于暖色系，同时蛋糕胚面露出的面积并不大，所以依旧让人非常有食欲。

裱花蛋糕的抹面

基础圆形

‖ 操作步骤

❶ 注意手握抹刀的方法，右手拇指和中指捏住抹刀刀柄，通过拇指和中指的角度变化控制抹刀角度的变化。右手食指顶在抹刀的刀壁上，从而使拇指、中指、食指三点固定住抹刀，抹刀在抹面的过程中会更稳定，可控。

❷ 用抹刀尖部蘸取奶油霜，竖向抹蹭到蛋糕表面上。

❸ 用"之"字手法把蛋糕侧壁抹满奶油霜。

❹ 图中绘制了抹面过程中"之"字手法的虚线路径。

❺

蛋糕侧壁用同样的手法涂满奶油霜，抹蹭的奶油霜厚度尽量一致，这样在找平时可以避免奶油霜出现薄厚不平。

 在涂抹侧壁奶油霜时，立面上沿高出蛋糕表面1~2厘米，这样处理在后续抹平表面时的效率更高。

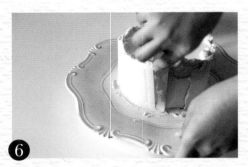

6 将奶油霜抹满侧壁后，右手保持步骤1拿抹刀的手法，抹刀头垂直于转台，左手转动转台的同时，右手随着转动，同速沿蛋糕的切线慢慢移入。

当抹刀与蛋糕相切时，千万不要停留在蛋糕表面，要随着转台转动的速度，继续匀速地刮蹭（抹刀后进入的边沿与蛋糕相交45°角），直到准备停下转台，右手随着转台逐渐转停的速度，沿着与蛋糕的切线慢慢移出。

7 多次对侧壁进行步骤6的操作，直到侧壁平整光滑。此时手握抹刀，使抹刀的刀面与蛋糕表面的边沿呈45°角，沿着蛋糕边沿切线的方向均匀用力，慢慢进入，把之前预留的、高出表面一截的淡奶油抹入蛋糕表面。

 抹刀不要在蛋糕侧壁停留。当转台停止，抹刀停留的位置会留下痕迹，因此在转台停止之前，抹刀也要与转台同速地慢慢离开蛋糕。

8 此时蛋糕表面已抹满奶油霜且基本平整，再用刮刀适当的调整。

9 待表面光滑平整，即可备用。

油画肌理

‖ 操作步骤

1 用基础抹面时手握抹刀的方法（参见 P35，步骤1），但刀头不再垂直朝下。右手拿抹刀，刀头朝左，用刀尖蘸取一些奶油霜随意抹在蛋糕表面上。

2 从已经抹好表面的蛋糕根部向上抹。

3 抹刀下边缘贴紧蛋糕表面，上边缘翘起，翘起的角度在 30°~40° 之间，将蘸取的奶油霜蹭在蛋糕表面上。

4 用抹刀刀头残留的奶油霜挨着刚刚抹过的区域继续由下向上抹，这样抹出来的颜色会比上一次轻一些，深浅不一的着色会给蛋糕塑造出更自然的效果。

5 也可以蘸取不同颜色的奶油霜搭配调色。

6 不断重复前面的着色手法，直到蛋糕抹面自己满意即可。

 此款抹面的风格很像油画，手法也像用油画刀蘸取颜料作画一样，因此，在渲染上并不需要整齐和规则，随意自然就好。颜色的搭配建议选用与蛋糕表面摆放的花朵相近的颜色。

渐变色

‖ 操作步骤

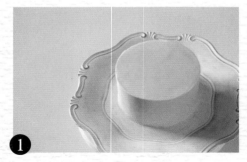

① 先以基础抹面手法对蛋糕抹面（参考 P35~36）。

② 右手握抹刀，手法与基础抹面手法相同，用刀尖蘸取奶油霜，根据想要获得的渐变色的效果，轻贴在蛋糕侧壁的不同位置上。

3a **3b** **3c** **3d**

用基础抹面中抹侧壁的手法，转动转台同时将抹刀与蛋糕表面呈 45° 角，边转边刮蹭，将蛋糕表面多余的奶油霜全部刮掉，只留下因刮蹭形成的颜色深浅不同的痕迹。直至颜色觉得满意为止。

 觉得颜色抹浅时，可以再蘸取一些奶油霜贴在侧壁，重复上述操作加深颜色；觉得颜色抹深时，也可以再蘸取白色奶油霜用同样的手法来淡化颜色。

花棱

‖ 操作步骤

❶ 先用基础抹面手法对蛋糕进行抹面（参考P35~36）。与渐变色抹面的手法相同，在抹刀刀头蘸取少量的奶油霜。

❷ 将抹刀的刀头垂直向下贴在蛋糕侧壁上，刮刀的右侧边缘贴紧蛋糕侧壁，左侧边缘微微打开，刮刀刀身与蛋糕侧壁呈约45°角。

❸ 边微微转动转台，边用刮刀的右侧边缘贴着蛋糕的侧壁刮蹭，使之前抹在蛋糕侧壁上的奶油霜被刮蹭到蛋糕侧壁上一段的痕迹。这部分的奶油霜不需要完全被蹭掉，可以有一定的残留。

❹ 也可以在已经刮蹭到蛋糕侧壁上的颜色上继续用相同手法刮蹭上另外颜色。

❺ 重复刮蹭这个动作。

❻ 痕迹的分布并没有固定的规律，自己随意安排。

Chapter 2
植物的裱制

- 裱制工具的选用
- 花的裱制——规则裱法
- 花的裱制——自然裱法
- 叶子和果实的裱制

裱花钉快速定位的方法

请大家务必熟练掌握以下关于花嘴位置和方向的描述方式，位置指的是花钉表面代表的表盘，方向指的是垂直于花钉表面空间上的表盘。

我们后续讲解如何裱制花朵的时候会运用这些描述方式，这样在裱制过程中，方便大家更精准地定位到每一瓣花瓣所在的位置和角度，做出来的花朵也就更逼真。

‖ 裱花钉的位置盘

将裱花钉的表面看成一个表盘，表盘上对应的钟点来代表相应的位置。这样花嘴放置在哪个位置，会容易定位，也更准确。

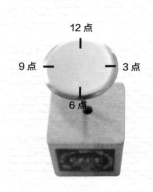

‖ 裱花钉的方向盘

由于花朵开放程度的不同，花瓣的打开角度也会不同。花嘴开口相对大的一头（以后简称"大头"）抵住裱花钉不动，花嘴开口相对小的一头（以后简称"小头"），倾斜的程度就体现了花瓣的绽放角度。为了更形象地描述和准确地定位花瓣打开的角度，我们假设垂直于花钉的方向有一个表盘，当花嘴大头向下、小头向上立在花钉上的时候，小头会指向一个时间点，用这个时间点来形容和准确地描述花瓣的打开程度。如下图所示，花嘴的小头分别指向垂直于花钉的那个表盘的 12 点、2 点、3 点的方向，相应的裱制出来的花瓣的绽放角度也越来越大。

花嘴的小头指向 12 点方向。

花嘴的小头指向 2 点方向。

将花嘴定位在 3 点钟位置，同时小头指向 12 点钟方向。

转换器的使用

　　转换器是由两部分组成的，较大的部分放在裱花袋中，裱花袋剪成刚好露出转换器口部的样子，根据不同的花型在转换器外放置不同型号的裱花嘴，然后在花嘴外面拧紧转换器的螺帽，从而固定花嘴。有了转换器，花嘴更容易变换。下面一组图，展示了花嘴转换器的使用方法。

根据转换器的大小，给裱花袋剪开开口。将转换器较大的一头放入裱花袋。

将花嘴从裱花袋外部套到转换器上。

将转换器较小的螺母从裱花袋外部拧紧。

当装好转换器和花嘴后，裱花袋内灌入奶油霜，且用刮板或用手挤裱花袋将奶油霜整理到一起后，将裱花袋上部拧紧，缠在拇指上，再将下部的裱花袋拧紧。

 这种拿握手法会在裱制植物时更加省力，奶油霜挤出得也更流畅，从而使裱制出的植物更加自然、逼真。

裱花袋中双色奶油霜的装袋技巧

　　裱制双色花瓣的奶油霜装袋技巧。在想裱制的花朵的花边和花瓣是不同颜色时，需要在将奶油霜装入裱花袋时特殊处理一下。

‖ 具体方法

❶ 先调制花边的颜色，这里我们用花边为粉色，花主体为白色的花朵作为示范。调好后将粉色奶油霜先装入裱花袋。

❷ 将装入裱花袋的奶油霜用刮板或手压平，使奶油霜均匀分布于裱花袋内。

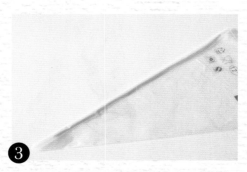

❸ 用刮板将裱花袋内的奶油霜刮到裱花袋一侧的边缘，均匀堆放。

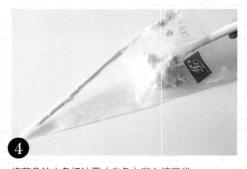

❹ 将花朵的主色奶油霜（白色）装入裱花袋。

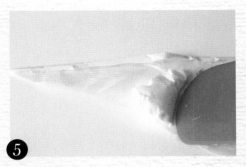

5 用刮板将后装入的白色奶油霜推到裱花袋前部。

6 将装好双色奶油霜的裱花袋的头部剪开一个与花嘴切面大小差不多的开口。

7 将裱花嘴装入一个空的裱花袋中，调整已装好奶油霜的裱花袋与花嘴位置。

8 将装有奶油霜的裱花袋再装入配有花嘴的空裱花袋中。

9

此时挤出来的花瓣就是我们预想的白色花瓣带有粉色的花边。

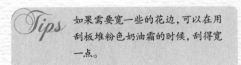

Tips 如果需要宽一些的花边，可以在用刮板堆粉色奶油霜的时候，刮得宽一点。

玫瑰的裱制视频

玫瑰

花语

亲切及优美、有涵养、初恋（粉红玫瑰）

花嘴型号

104 号

裱制原料

韩式透明奶油霜

裱制工具

裱花袋、裱花钉、裱花剪、花嘴、转换器（选用）

色素型号

ROSE

花型

立体花型

‖ 裱制手法

❶ 将奶油霜装入裱花袋后，开始裱制。先将花嘴取下，直接在花钉上挤一个锥形的奶油霜底座。如上图所示。

❷ 裱制花心。花嘴大头放置在底座的中央，花嘴小头指向垂直于表盘的 11 点方向，然后左手逆时针转花钉，右手均匀地用力，将裱花袋中的奶油霜挤出来。

Tips 右手在水平或垂直方向上不要有任何拖拽或拉扯，只需要保持住花嘴小头指向 11 点，同时均匀地挤裱花袋，然后用左手均匀地转动花钉，扣一个花心出来。

❸ 裱制花瓣。紧挨着花心的第一圈做出三瓣，要把花心包裹得紧一些。花嘴从裱花钉位置表盘 3 点钟的地方开始，用花嘴相对平整的大面贴着底座，右手一边均匀地挤奶油霜一边垂直向上运动，此时左手不转动裱花钉；当右手挤出来的花瓣高过花心后，左手开始逆时针转动裱花钉，左手转动的同时，右手高度保持不变但仍均匀地挤奶油霜；花瓣包裹住约三分之一的花心后，左手停止转动，右手一边挤奶油霜一边垂直向下运动。这样就做好了第一瓣。

4 第二瓣花瓣要与第一瓣花瓣的一半重叠。调整位置，使花嘴重叠第一瓣的一半位置位于花钉的三点钟位置，这一瓣的裱制方法与上一瓣完全相同。第三瓣与第二瓣重叠一半，裱制手法与第二瓣完全相同。

5 第二圈共裱五瓣，且花瓣需要稍微打开的角度。第一瓣花瓣要与上一圈的最后一瓣花瓣重叠一半，转动裱花钉，调整位置。

6 左手不动，右手边均匀地挤奶油霜，一边均匀地向上运动，当高度比里面一圈的花瓣略高时，花嘴的大头抵紧底座，小头向1点钟方向倾斜，角度保持不变，左手开始均匀地逆时针转动裱花钉，右手以与左手转裱花钉相同的速度挤出奶油霜。当花心占第二圈花瓣五分之一高时，左手停止转动裱花钉，右手把倾斜向1点的小头回正，边挤奶油霜边垂直向下运动。同理制作另外四瓣。

Tips 右手把握的花嘴一定要用平整的大面贴着底座，千万不要用花嘴的口对着底座，否则花瓣会外翻卷边。

7 最外圈（第三圈）可以继续裱制五瓣花瓣，但因为花瓣已经裱制了多层，观察新鲜的玫瑰花，外层花瓣不可能仍然聚拢，而是成为绽放的姿态。

所以制作外圈时，花嘴先是找到裱花钉3点钟的位置，不转动裱花钉，然后边挤奶油霜边垂直向上；裱制出来的花瓣高度比第二圈的花瓣略低一点时，调整花嘴的角度，使花嘴小头指向垂直于裱花钉的表盘1点到2点之间的方向，然后边挤奶油霜，边转动裱花钉；直到裱制五分之一的花瓣，停止挤奶油霜，并且调整裱花嘴，使花嘴小头指向垂直于裱花钉的表盘12点钟方向；然后保持裱花钉不动，边挤奶油霜边使花嘴垂直向下运动。这样一瓣就裱制好了。

8

外圈第二瓣的起始位置要位于第一瓣中心点的位置，转动裱花钉，使该位置位于裱花钉表盘的3点钟位置。

裱制这一瓣的方法与第一瓣的方法完全一样。

第三、四、五瓣花瓣的起始位置仍然位于上一片花瓣的中心点位置，用以上相同的其他方法裱制花瓣。

9

这样就完成了玫瑰花的裱制。

Tips 请大家注意，在裱花过程中，左手不动时，右手运动有个细节——要边挤奶油霜边垂直向上运动，到达一定高度后左手再转动花钉，同时右手挤奶油霜配合花瓣裹上去，当花瓣长度够了以后，左手停止转动裱花钉，右手边挤奶油霜边垂直向下。这里不断重复这个手法是为了使花瓣更好地黏合在底座上，向上或向下的部分就像花瓣的"腿"一样，结实地支撑起来，这样花瓣在裹住花心以后才不易掉落。

五瓣花的裱制视频

五瓣花

花语
孕育希望

花嘴型号
104 号、2 号

裱制原料
韩式透明奶油霜

裱制工具
裱花袋、裱花钉、油纸、花嘴、转换器（选用）

色素型号
ROSE

花型
平面花型（用油纸，冷冻后取用）

‖ 裱制手法

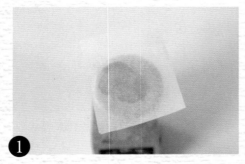

❶ 准备与花钉表面大小相似的油纸。先将花钉蘸一点奶油霜，把油纸贴在上面。

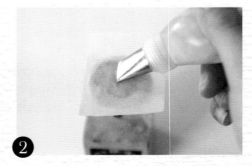

❷ 选用 104 号花嘴，大头抵在花钉的圆心处，花嘴与裱花钉呈 45°角。

Tips 五瓣花是平面花，因此五瓣花不易挪动，需要裱制在油纸上，冷冻后再取下来。

❸

左手不动，右手保持花嘴与裱花钉呈 45° 角，向花钉的 12 点位置出发，并均匀地挤出奶油霜；

当花瓣大小适中时，左手开始逆时针转动裱花钉，右手仍然保持花嘴与裱花钉呈 45° 角，且右手与左手转动花钉同速，边挤奶油霜边将大头抵在花钉平面上，同半径进行移动；

当大头所抵位置与中心的夹角占据圆形五分之一时，左手停止转动裱花钉，右手保持花嘴与裱花钉呈45° 角，大头抵蹭着花钉，朝着圆心位置移动。

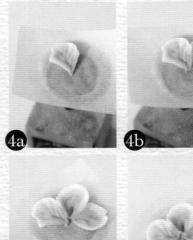

第二、三、四瓣的裱制手法与第一瓣完全相同，重复手法即可。

❺

第五瓣花瓣的裱制手法开始与前四瓣基本相同，只是最后花嘴大头回到圆心时，不是大头蹭着花钉回到圆心的，而是大头微微抬起一点，高过第一瓣花瓣，然后花嘴整个切口停在圆心上。

❻

花瓣裱制好后，可以改用 2 号花嘴，在五瓣花的中心点上三个红点作为花蕊。

蓝盆花

花语
不能实现的爱情

花嘴型号
104 号、2 号、81 号

裱制原料
韩式透明奶油霜

裱制工具
裱花袋、油纸、裱花钉、花嘴、转换器（选用）

色素型号
VIOLET、LEMON YELLOW

花型
平面花型（用油纸，冷冻后取用）

蓝盆花的裱制视频（颜色不同）

‖ 裱制手法

❶

❷

准备与花钉表面大小相似的油纸，将花钉上蘸一点奶油霜，把油纸贴在上面。用 104 号花嘴的大头抵在花钉的圆心处，花嘴与裱花钉呈 45° 角。

左手不动，右手将花嘴小头朝上，花嘴出口与裱花钉呈 45° 角，向花钉的 12 点位置移动，并均匀地挤出奶油霜；

当花瓣大小适中后，左手开始逆时针转动裱花钉，右手仍然保持花嘴与裱花钉呈 45° 角，且以左手转动花钉的速度，边挤奶油霜边将大头像画心形上半部分的轨迹一样，在花钉平面上移动。

当画完后，大头所抵位置与画心形之前所抵的位置相同。

此时，左手停止转动裱花钉，右手保持与花钉呈 45° 角，大头抵蹭着花钉，回到圆心位置。

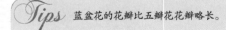

Tips 蓝盆花的花瓣比五瓣花花瓣略长。

③

蓝盆花没有具体的瓣数限制，每一瓣裱制手法都完全相同，不断重复即可。

当一圈花瓣裱好后，在花瓣一半的位置放平裱花嘴，左手逆时针转动花钉，右手均匀地挤奶油霜，在刚刚花瓣组成的圆形中部挤出一个圆环。

④

用花嘴大头抵着圆心，用上述相同的手法裱两圈，每一层花瓣上都要挤一圈奶油霜后再进行下一圈裱制，共裱制三层。

⑤

将花嘴换成 81 号，花嘴定位在某一瓣的中心。花嘴垂直朝下，左手花钉不转，同时右手边挤奶油霜边垂直向上拔，拔好一瓣，左手转钉移动一下位置，然后左手不动，右手再重复上述动作。

⑥

拔出一圈直立的花瓣，围成一个圆形。

⑦

在拔好的一圈外侧，每两瓣之间，继续重复上述手法，再拔一圈花瓣。

⑧

在 81 号花嘴拔好的这两圈花瓣内部，换用 2 号花嘴，挤出多个大小相同的圆球状的花蕊，将其内部填满。

奥斯丁玫瑰的裱制视频

奥斯丁玫瑰

花语
守护的爱

花嘴型号
124k 号

裱制原料
韩式透明奶油霜

裱制工具
裱花袋、裱花钉、花嘴、裱花剪

色素型号
PINK、BURGUNDY

花型
立体花型

‖ 裱制手法

❶ 花嘴垂直花钉挤一个锥形的底座。将花嘴的切口小头抵扣在锥形底座的中心。

❷ 裱花钉不动,边挤奶油霜,边使裱花嘴的切口从抵扣的底座上慢慢立起,同时花嘴的切口从锥形底座的中心向底座的外边缘拉动。

3

直到花嘴的切口到达了底座的外边缘，停止拉动，开始转动花钉，使花心有一个小转弯，此时停止转动花钉，并边挤奶油霜边拉动花嘴朝底座中心移动。这样就形成了闭合的花心中的一片。

4

重复上述手法，紧贴花心不断制作，直到围满一圈为止。

5

继续重复上述动作，在裱好的每一小瓣花心外部再裱制一小瓣花心，且外部的这一小瓣花瓣的起点和终点都与内部的那一小瓣花瓣重合。

6

将第二圈的花心也围满一圈。

7

从表盘的4点钟位置开始，右手边挤奶油霜边竖直向上移动，当高过一点花心的时候开始转动花钉，并继续保持右手挤奶油霜的动作，裱制一定长度的花瓣时，停止转动裱花钉，边挤奶油霜，边使花嘴竖着向下移动，从而完成花心外部这一瓣花瓣的裱制。

8

继续以上一瓣花朵的裱制手法把这一圈都裱满，使每一瓣花瓣与上一瓣均重叠近一半。重复此手法，将外圈的花瓣裱圆即可。

银莲花

花语
生命、期待、渐渐淡薄的爱

花嘴型号
13 号、124 号

裱制原料
韩式透明奶油霜

裱制工具
裱花袋、油纸、裱花钉、花嘴

色素型号
BLACK

花型
平面花型（用油纸，冷冻后取用）

银莲花的裱制视频

‖ 裱制手法

平面花，也需要裱制在油纸上，冷冻后再取下来使用。

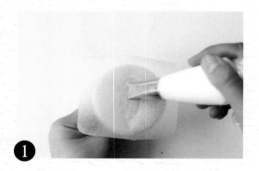

将花钉上蘸上一点奶油霜，然后把准备好的油纸贴在上面。用 124 号花嘴的大头抵在花钉的圆心处，花嘴与裱花钉呈 45° 角。

❶

②a **②b** **③**

左手不动，右手保持花嘴与裱花钉呈 45° 角，向花钉的 12 点位置出发，同时，一边均匀地挤奶油霜一边小幅度高频率地抖动花嘴；

当花瓣的长度符合预期的大小后，左手开始逆时针转动裱花钉，右手仍然保持花嘴与裱花钉呈 45° 角，且右手以左手转动花钉的速度，边挤奶油霜边抖动花嘴；当花瓣占据圆形五分之一的幅度时，左手停止转动裱花钉，右手保持花嘴与裱花钉呈 45° 角，大头抵蹭着花钉，边抖动花嘴边朝着圆心位置移动。

第二、三、四、五片花瓣的裱制手法与第一片花瓣完全相同，不断重复完成一圈后刚好均匀地分布五片花瓣。

④ **⑤**

继续用 124 号花嘴的大头，抵在任意两瓣花瓣之间，以相同的手法在这两瓣之间裱制一圈比上底圈花瓣略小一点的花瓣。

用相同的手法把这一圈的花瓣裱满。

⑥ **⑦**

用 13 号花嘴在花的中心，挤一小堆花心。

用 13 号花嘴垂直在花瓣一半的内侧位置轻重不一地点上一圈小花蕊。

康乃馨

花语
爱、魅力、尊敬之情

花嘴型号
124k 号

裱制原料
韩式透明奶油霜

裱制工具
裱花袋、裱花剪、裱花钉、花嘴、转换器（选用）

色素型号
ROSE

花型
立体花型

康乃馨的裱制视频

‖ 裱制手法

1 将花嘴垂直花钉，挤一个锥形的底座。

2 将花嘴小头朝上，竖直地立在底座的中心。边挤奶油霜边保持一定幅度的折叠，当进行一次折叠动作后开始转动裱花钉，右手仍然保持一定幅度的折叠，当不断地折叠一段距离后，花嘴折叠着向底座根部移动，移动的过程中不要转动裱花钉。

3 接着将花嘴插在刚刚裱制的花瓣的空隙位置，以相同的手法边挤奶油霜边折叠花瓣，且向底座根部移动的过程中仍然不转动裱花钉。

4 继续以相同的手法插空裱制折叠走向的花瓣，直到折叠的花瓣组的大小基本符合我们需要的花朵大小。

5 花嘴小头朝上，位于刚刚完成的折叠的花瓣外侧，裱花钉的 3 点钟位置，不需要转动裱花钉，边挤奶油霜边贴着底座垂直向上运动；当稍稍高过折叠的花瓣组时，花嘴大头抵住底座，花嘴小头指向 1 点钟方向，边转动裱花钉，边高频率小幅度地抖动花嘴；裱花钉转动差不多 60° 左右时，停止转动裱花钉，并且边挤奶油霜，花嘴边紧抵着底座向底座根部移动。

6 以相同的手法裱制 5~6 瓣花瓣，使这些花瓣刚好可以围住一圈。

7 如果觉得花朵小，可以在上述一圈花瓣的外侧以相同的手法再裱制一圈或两圈。

8 直到符合我们需要的大小即可。

木槿花的裱制视频

木槿花

花语
永恒、坚韧、美丽、温柔的坚持、质朴。

花嘴型号
2 号、125k 号

裱制原料
韩式透明奶油霜

裱制工具
裱花袋、油纸、裱花钉、花嘴

色素型号
SKY BLUE 、LEMON YELLOW

花型
平面花型（用油纸，冷冻后取用）

‖ 裱制手法

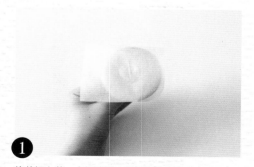

❶ 将花钉上蘸一点奶油霜，然后把油纸贴在上面。

❷ 用 125k 号花嘴的大头抵在花钉的圆心处，花嘴与
裱花钉呈 45°角。

3a 3b 3c

左手不动，右手保持花嘴与裱花钉呈 45°角，向花钉的 12 点位置出发，并均匀地挤出奶油霜；当花瓣大小适中后，左手开始逆时针转动裱花钉，右手仍然保持花嘴与裱花钉呈 45°角，且右手以左手转动花钉的速度均匀地挤出奶油霜；当花瓣的大小覆盖五分之一的圆周时，左手停止转动裱花钉，右手保持住花嘴与裱花钉呈 45°角，大头抵蹭着花钉，朝着圆心位置移动。

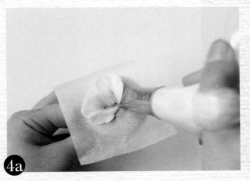 

4a 4b

用相同的手法继续裱制四片花瓣，且这五瓣刚好围成一圈。

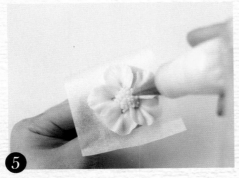 

5

花瓣裱制好后，可以改用 2 号花嘴，在花的中心点上花蕊。

6

木槿花的裱制完成。

百日菊的裱制视频

百日菊

花语
想念远方朋友，天长地久

花嘴型号
104 号、2 号、23 号

裱制原料
韩式透明奶油霜

裱制工具
裱花袋、油纸、裱花钉、花嘴

色素型号
VIOLET 、ROSE

花型
平面花型（用油纸，冷冻后再取用）

‖ 裱制手法

❶ 将花钉上蘸一点奶油霜，然后把油纸贴上去。

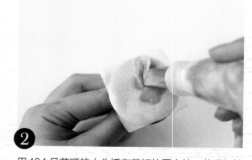

❷ 用 104 号花嘴的大头抵在花钉的圆心处，花嘴与裱花钉呈 45° 角，裱花钉不动，花嘴大头抵紧裱花钉，向裱花钉表面的 12 点钟位置移动；当花瓣长度达到我们需要的长度后，边抖动裱花嘴边转动裱花钉；当花瓣大小合适后，停止转动裱花钉，同时边挤奶油霜边使花嘴大头向裱花钉的圆心移动。

③ 用相同的手法裱制多片花瓣，且使这些花瓣围成一个圆。

④ 将任意两瓣之间的位置作为起点，使花嘴的大头依然抵住裱花钉圆心的位置，以相同的手法再裱制一圈。

⑤ 根据需要的大小可选择再制作一圈或两圈，或更多圈相同的花瓣。

⑥ 用23号花嘴在这堆花心的周围点上一圈细小的花蕊。

⑦ 当达到我们想要的大小后，选取2号花嘴在圆心挤一堆花心。

⑧ 百日菊的裱制完成。

花毛茛的裱制视频

花毛茛

花语
受欢迎

花嘴型号
58 号、1s 号、61 号、120 号

裱制原料
韩式透明奶油霜

裱制工具
裱花袋、裱花钉、花嘴、转换器、裱花剪

色素型号
ROSE、LEMON YELLOW、MOSS GREEN

‖ 裱制手法

① 裱花袋装入奶油霜后剪口，垂直于裱花钉，挤一个锥形的底座。

② 用 58 号花嘴垂直在奶油霜底座的中心，力度由大至小地挤出绿色的花心。

围绕着绿色花心，用 1s 号花嘴拔两到三圈细密的黄色花蕊。

用 61 号花嘴斜扣在裱好的花蕊上，边挤奶油霜边转动裱花钉，挤奶油霜的力度与转花钉的速度要尽量协调，当花钉停止转动，也要停止挤奶油霜。紧挨着花蕊的这圈花瓣要适当地小一些。

用相同的手法继续往外裱制 1~2 圈，每向外裱制一圈，花瓣也相应地变长一些。

用 120 号花嘴，换成花瓣的颜色，花嘴斜扣在绿色花瓣上，用裱制绿色花瓣的手法继续裱制，每向外裱制一圈花瓣的就适当加长一些，且外层比里层略高一点，这样才能裱制出包裹的形态。

当花朵的大小适中时，用花嘴大头顶在花朵的侧壁上，小头指向 1 点或 2 点方向，随意做几片打开的花瓣，花朵就灵动自然了。

Tips 裱制自然花系时，不需要像规则裱制时一瓣压一瓣的标准化裱制。可以效仿规则裱制，也可以进行一定程度的调整，但一定要保证花瓣的完整性，花毛莨还要注意花嘴斜扣裱制，呈现包裹形态。

牡丹

牡丹的裱制视频

花语
圆满、浓情、雍容富贵

花嘴型号
5号、13号、120号

裱制原料
韩式透明奶油霜

裱制工具
裱花袋、裱花钉、花嘴、裱花剪

色素型号
LEMON YELLOW、MOSS GREEN、
ORANGE

‖ 裱制手法

1 裱花袋装入奶油霜后剪口，垂直于裱花钉，挤一个锥形的底座。

2 用5号花嘴垂直在锥形底座的中心，挤5~6个花心。做花心时，从根部开始用劲，边向上提花嘴，边减轻力度。当稍提起一定距离时，花嘴微微往内扣，使做好的5~6个花心呈聚拢状态。再用13号花嘴，在这5~6个花心周围拔一圈花蕊。

3

将 120 号花嘴的大头，抵在锥形底座奶油霜上沿的侧面，紧贴着裱好的花蕊的外部，挤出奶油霜后，立刻转动花钉，同时持续挤奶油霜的动作。

当花钉的转动使裱花嘴的小头贴住锥形底座时，停止转动裱花钉，同时边挤奶油霜边将花嘴沿着底座向下移动。

这样能使花瓣有更多的部分与底座黏合，从而确保花瓣不会因为不稳而掉落。

4

将花嘴大头重新抵在刚裱好的这一瓣花瓣的起点外侧，以同样的手法再裱制一瓣，要比里圈一瓣略高。再以相同的手法，在刚裱好的第二瓣外侧再裱制1~2 瓣。这样不断变高且重叠包裹的 3~4 瓣算为一组。

5a **5b**

以相同的裱制手法再裱制两组花瓣，使这三组花瓣刚好围一圈。不需要很规则和一模一样，且三组之间各留有一些空间。将花嘴大头垂直抵在两组花瓣之间的底座上，边挤奶油霜，边使花嘴的小头微微打开，也就是花嘴小头从指向 12 点的方向逐渐向 1点或 2 点的方向变化。

6

使花嘴大头回到刚刚裱好的花瓣的起始位置外侧，以相同的手法在这一片花瓣的外侧再裱制 3~4 片同样形状的花瓣，形成一组竖着的花瓣组。

 Tips 挤奶油霜的动作要均匀且连续，并不间断。当花嘴小头指向2点的方向时，就要保持住小头的指向，并开始转动裱花钉，边转裱花钉，边使花嘴整体贴着底座向下移动，从而会随着花钉的转动，裱出一片有弧度且立在侧壁上的花瓣。

7

以相同的手法再做 4~5 组这样竖着的花瓣组，并使这些竖着的花瓣组围成一圈，并基本保持在一样的高度上，且互相之间留有空隙。

8

如果想花朵更大一些或更丰满一些，可在稍靠下的位置随意地外翻裱几瓣花瓣，这样花朵也更灵动和自然。

芍药

花语
美丽动人、依依不舍

花嘴型号
122 号

裱制原料
韩式透明奶油霜

裱制工具
裱花袋、裱花钉、花嘴、裱花剪

色素型号
SKY BLUE

芍药的裱制视频

‖ 裱制手法

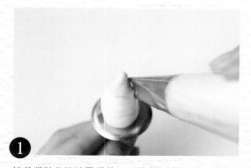

❶ 裱花袋装入奶油霜后剪口，垂直于裱花钉挤一个锥形底座。用 122 号花嘴在锥形底座的顶部，用规则裱制中玫瑰花心的制作手法做一个花心。（参考 P46 步骤 2）

❷ 将花嘴大头紧紧抵在刚做好的花心根部，小头指向 1 点方向，保持好此花嘴的角度，挤出奶油霜后立刻转动花钉，直到花嘴的小头再次与锥形底座贴合。

❸
使花嘴回到刚做好的花瓣起始位置的外侧，用与刚刚那瓣花瓣相同的制作手法继续裱制 3~4 瓣花瓣，每往外一瓣就要比里面的稍高一点点。这样的 4~5 瓣为一组，共制作三组来围住这个花心。各组之间留有空隙，且每组的大小不用完全相同。

❹a ❹b
将花嘴竖直放在做好的三组花瓣之间的空隙处，向上拔一些竖直的小碎花瓣。这些竖直拔的碎花瓣可长可短，不需要完全一致。把空隙拔满即可。

❺
用花嘴紧贴着拔满碎花瓣的花骨朵外壁，边挤奶油霜边向上移动花嘴，这个过程要保持花钉不转动；当花嘴高过内部完成的花骨朵部分时，花嘴迅速向花骨朵方向倾倒，倾倒后轻挤奶油霜，使奶油霜随着花嘴倾倒的角度呈现出包裹状态；此时慢慢减轻挤奶油霜的力度，并慢慢回正花嘴；当花嘴恢复直立的状态后，开始转动裱花钉，并将花嘴迅速向下移动。

❻
用与上一步相同的手法再裱制 2~3 瓣同样的包裹状的花瓣，并与上一瓣花瓣围成一圈，且各瓣花瓣之间留有空隙。这样包裹状的花瓣就完成了。

❼
花嘴先是紧贴着刚刚裱好的花朵的外侧，边挤奶油霜边向上移动，裱花钉保持不动；当花瓣比内部略高时，花嘴的小头由直立变成微微向里扣的状态，也就是说，小头从指向 12 点的方向变成指向 11 点的方向；当小头指向 11 点时，裱花钉仍然保持不动，奶油霜均匀地微微用力，挤出与花嘴倾斜度相同的花瓣；然后立刻停止挤奶油霜，同时回正花嘴；花嘴回正后开始转动裱花钉，同时边挤奶油霜边将花嘴向下移动。重复此手法裱制 4~5 片这样整体直立，但最高处微微向内倾扣的花瓣。

❽
略往下一些，随意插空裱制几瓣外翻的绽放的花瓣即可。

朱丽叶玫瑰

花语
美丽纯真的爱情

花嘴型号
124k 号

裱制原料
韩式透明奶油霜

裱制工具
裱花袋、裱花钉、花嘴、裱花剪

色素型号
LEMON YELLOW、BROWN、REDRED

朱丽叶玫瑰的裱制视频

‖ 裱制手法

① 将裱花袋前部剪一个小口，裱花袋里装上奶油霜，垂直于裱花钉挤一个锥形底座。

② 用 124k 号花嘴，垂直立在底座表面的中心，边挤奶油霜，边使花嘴从底座表面的中心向底座边沿移动，移动到边沿后稍转动裱花钉随即停止，同时将裱花嘴从底座表面的边沿移动回底座表面的中心位置，如此往复，直到把底座表面覆盖满为止。

3 花嘴斜扣在刚刚做好的花心的任何一个空隙处，保持花嘴斜扣的角度不变，边挤奶油霜边向外拉动花嘴，拉到花心的边沿后，边转动裱花钉边使花嘴贴着底座向下移动。

4 回到刚刚裱好的那一瓣花瓣的起始位置，以同样的裱花手法在它的外侧再裱制 3~4 瓣，外面的一瓣都斜扣在里面一瓣上面，这样就形成了一个花瓣组。以相同的手法再做两个花瓣组，且这三个花瓣组的起始点相交在花心的中心点上。

5 花嘴紧贴在这三组花瓣组的外侧，边挤奶油霜边竖直向上移动，当高度比三组花瓣组的高度稍低一点时停止向上移动，并边挤奶油霜边稍稍转动裱花钉，待花瓣随着裱花钉的转动，出现一点长度时，停止转动裱花钉，并边挤奶油霜边使花嘴向下移动。

6 重复上述手法，在三组花瓣组的外侧，做一些竖直的花瓣，由于是自然花系的花朵，这部分竖直的花瓣不一定要一样高，但整体的高度差不超过 5 毫米。

7 将花嘴紧贴在这些裱好的竖直的花瓣外侧，保持裱花钉不动，边挤奶油霜边竖直向上移动花嘴；当花嘴高过内部竖直的花瓣时，使花嘴大头紧贴底座侧壁，小头微微向外打开，也就是小头由竖直指向 12 点的方向，变为指向 1 点到 2 点的方向。

与此同时，边转动裱花钉，右手边抖动着均匀挤出奶油霜，从而形成有褶皱的打开的花瓣；当花瓣随着裱花钉的转动形成一定的长度时，停止转动裱花钉，回正花嘴小头，边挤奶油霜边紧贴着花朵的底座竖直向下移动。重复此动作裱制多片打开的花瓣。

8 用与上一步相同的手法，在稍靠下一些的位置再裱制一些打开的花瓣。这样花朵看起来更灵动和自然。

9 可插空零星地补一些开放的花瓣，直到花朵的大小符合我们的需要即可。

蓝盆花

花语
不能实现的爱情

花嘴型号
59 号、61 号、4 号、13 号

裱制原料
韩式透明奶油霜

裱制工具
裱花袋、裱花钉、花嘴、裱花剪

色素型号
VOILET、MOSS GREEN

注：蓝盆花同轮峰菊

蓝盆花的裱制视频

‖ 裱制手法

❶ 将裱花袋的头部剪一个小口，在裱花袋中装入奶油霜，裱花袋垂直于裱花钉，挤一个略高的圆柱底座，底座的头部尽量鼓一些。

❷ 用 4 号花嘴在底座的头部错落地挤一些大大小小的圆球状花心。

③ 将 59 号花嘴的大头紧抵在花心根部，花嘴小头竖直向上，裱花钉不动，边挤奶油霜，裱花嘴边向上移动。当花嘴的大头与底座相距 2~3 毫米时，边挤奶油霜边向下回落花嘴，使花嘴大头落到花心根部的底座上。

④ 将 59 号花嘴的大头紧抵在花心根部的底座上，且与刚刚裱完的花瓣间隔一小段空隙，花嘴小头水平指向外侧，也就是水平指向 3 点钟方向，边转动裱花钉，边挤奶油霜并向外平移裱花嘴。当裱花嘴的大头与底座相距 2~3 毫米时，边挤奶油霜边向底座方向水平移动花嘴，直到花嘴的大头重新抵在底座上，停止转动裱花钉，并停止挤奶油霜。

⑤ 重复上面第 3 步和第 4 步，不断往复地进行竖着和横着的花瓣的裱制，直到裱满一圈。

⑥a ⑥b 换 61 号花嘴，花嘴大头抵在裱好的这圈花瓣的下部，边挤奶油霜边转动裱花钉，裱花钉的转动会使奶油霜挤出一定长度的花瓣，花瓣长度尽量短一些。遵循这种手法，多裱几瓣同样的花瓣，并使这些花瓣维持在一样的高度上，且围成一圈。

⑦ 如果花瓣之间的空隙比较明显，可以用 59 号花嘴随意地拔一些细碎的小花瓣来遮挡空隙。最后用 13 号花嘴在花心或花瓣的间隙随意点一些星状小点儿来代表花蕊，从而使花朵更加灵动。

⑧ 蓝盆花自然裱制完成。

虞美人的裱制视频

虞美人

花语
生离死别和悲歌

花嘴型号
120 号、5 号、1s 号、13 号

裱制原料
韩式透明奶油霜

裱制工具
裱花袋、裱花钉、花嘴、油纸

色素型号
LEMON YELLOW、MOSS GREEN、
ROSE

‖ 裱制手法

❶ 在裱花钉上蘸一点奶油霜，把剪裁好的油纸贴到裱花钉上。

❷ 用 120 号花嘴的大头抵在裱花钉的中心，裱花嘴的小头平行指向裱花钉表盘的 12 点钟方向。保持裱花钉不动，边挤奶油霜边将花嘴水平向前移动，当花瓣的直径符合我们的需要时，开始转动裱花钉，并边转裱花钉边挤奶油霜，当花瓣的大小满足要求时，停止转动裱花钉，边挤奶油霜边使花嘴的大头水平向裱花钉的中心移动。

3 按照第一瓣花瓣的裱制方法，裱制第二、三瓣花瓣，并使这三瓣花瓣刚好围成一圈。自然花系的花朵不需要三瓣花瓣完全一样，所以这三瓣可以有大有小，也可以某两瓣互相有一定的遮挡和覆盖。

4 在这三瓣花瓣的上面，可以按照相同的裱法，重叠着再裱制 1~2 层。

5 将 5 号花嘴垂直于花中心，边挤奶油霜边上提裱花嘴，力度由重到轻。

6 用 1s 号花嘴，从刚刚做好的绿色花心根部往尖部拉细线，拉满绿色花心一周。

7 用 1s 号花嘴在花心的根部，平行于花瓣的方向拉绿色细线。围绕花心的根部，拉满一圈。

8 在拉好的绿色线条边缘，用 13 号花嘴点一些花蕊进行装饰。

9 虞美人的裱制完成。

Tips 其实，自然界中的虞美人也有更多瓣数的，这里演示三瓣是因为三瓣的虞美人容易做得小一些，因为这种花很少作为主花，所以小一些的比较好搭配。如果您喜欢五瓣的，完全可以做成五瓣的，也可以只做一层或两层，最终花心完全一样即可。

仙人球的裱制视频

仙人球

花嘴型号

16 号

裱制原料

韩式透明奶油霜

裱制工具

裱花袋、裱花钉、花嘴、油纸

色素型号

MOSS GREEN、BROWN

‖ 裱制手法

1

在裱花钉上蘸点奶油霜，把剪裁好的油纸贴在裱花钉上。

2

根据想要裱制的仙人球的大小，将花嘴垂直于裱花钉，挤一个锥形底座。

③ 从底座的最下面开始裱制，裱花嘴对着锥形底座挤奶油霜，力度由大到小，这样就能拔出一个根部大、头部小的"刺"。

④ 用相同的手法把这一圈裱满。

⑤a ⑤b 将花嘴往上移一些，使花嘴位于刚刚裱制的任意两个"刺"之间。用与步骤3相同的手法进行裱制，再裱满一圈。

⑥ 用相同的方法继续往上裱制。

⑦ 重复相同的手法。注意，起点都要在下一层两个"刺"之间的位置，每往上一圈，"刺"就稍稍缩小一点儿。

⑧ 直到裱至顶端，把锥形底座裱满为止。

树叶

花嘴型号
125k 号

裱制原料
韩式透明奶油霜

裱制工具
裱花袋、裱花钉、花嘴、油纸

色素型号
MOSS GREEN、BROWN

树叶的裱制视频

‖ 裱制手法

❶ 在花钉上蘸一点奶油霜。

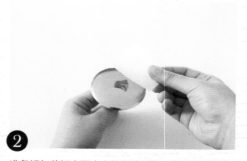

❷ 准备好与花钉表面大小相同的油纸，贴到裱花钉上。

3 花嘴的大头抵在油纸中间往下 1/3 的位置，花嘴小头指向裱花钉表盘 10 点钟方向。

4 边转裱花钉，边挤奶油霜，花嘴随着裱花钉的转动移动，移动的范围就是我们准备裱制的叶子的宽度。

5 然后边转裱花钉，边挤奶油霜，使花嘴小头朝着以裱花钉表面为表盘的 12 点钟方向扭转，移动范围大约占据叶子大小的 2/3。

6 当小头正对着裱花钉 12 点的位置时，停止挤奶油霜，并立刻将花嘴立起来，使花嘴的出口切面垂直裱花钉。

7 裱花钉不动，使花嘴的小头稍稍上翘，然后边挤奶油霜，边使花嘴竖直向以裱花钉表面为表盘的 6 点钟方向移动，移动范围大约占据叶子大小的 1/3。

8 将花嘴小头向右打开，使花嘴与裱花钉的角度调整为 45° 角，边转动裱花钉，边挤奶油霜，并使花嘴的大头移动到起点的位置即完成叶片的裱制。

油纸取下放到冷冻室冷冻，待冻硬以后，即可在蛋糕上使用。

9

松果

花嘴型号

101 或 102 号

裱制原料

韩式透明奶油霜

裱制工具

裱花袋、裱花钉、花嘴、油纸

色素型号

BROWN

松果的裱制视频

‖ 裱制手法

①

裱花钉蘸取少量奶油霜,将剪裁好的油纸粘在裱花钉上。根据想要裱制的松果的大小,确定松果最大圈的位置。将花嘴的大头抵在确定好的最大圈的位置上,裱花钉不动,边挤奶油霜边使花嘴大头抵住裱花钉,小头向上微微翘起,用抵在裱花钉上的花嘴大头画一个小扇形,再回到原点。

②

转动裱花钉,使花嘴大头抵在刚刚完成的那瓣叶片的旁边,用同样的手法继续裱制,直到将同半径的一圈裱满,首尾相连。

在刚刚裱好的那圈叶片中心空洞的地方，垫一些奶油霜，花嘴大头抵在挤出来的奶油霜的边缘，并调整花嘴的大头，尽量使裱出来的叶片位于刚刚那一圈的两个叶片之间。用与第一圈松果叶片相同的制作手法进行裱制，把这一圈裱满为止。

在刚刚裱好的两圈叶片的中心空洞的地方，垫一些奶油霜，花嘴大头抵在比刚刚那一圈更靠里一些的位置，用相同的手法进行裱制，把这一圈也裱满。

使用相同的裱制手法，但每往上一圈，花嘴的大头要往圆心靠近一些，叶片的大小也慢慢变小一点点，但不要变小得太快，直到裱制到最顶端，使整体上看起来饱满即可。

松果的裱制完成。

棉花

花嘴型号

10 号、352 号

裱制原料

韩式透明奶油霜

裱制工具

裱花袋、裱花钉、花嘴、油纸

色素型号

BROWN

棉花的裱制视频

‖ 裱制手法

①

在裱花钉上蘸一些奶油霜，
把油纸粘在上面。

用 10 号花嘴斜向下对着裱花钉的表面用力挤出奶油霜，当挤出来一个圆鼓鼓的形状后，立刻收力，同时将花嘴的切面立刻向下切断奶油霜。这样一部分圆鼓鼓的棉花就做好了。

用同样的手法再做四个圆鼓鼓的形状。

用 352 号花嘴竖对着两两之间的缝隙，均匀地挤出奶油霜，到顶部慢慢收力，这样棉花每一瓣的包裹叶片部分也做好了。

用这个制作手法在棉花的每一个缝隙里都裱上叶片即可。

树莓

花嘴型号
3 号

裱制原料
韩式透明奶油霜

裱制工具
裱花袋、裱花钉、花嘴、油纸

色素型号
REDRED、BLACK

树莓的裱制视频

‖ 裱制手法

❶ 在裱花钉上蘸一些奶油霜，把油纸粘在上面。根据想要裱制的树莓的大小，将花嘴垂直于裱花钉，挤一个锥形底座。

❷ 从底座的最下面开始裱制，边挤奶油霜边微微用花嘴贴着锥形底座画圆球，从而作为树莓上的其中一个颗粒。当颗粒的大小合适的时候，停止挤奶油霜，但仍然要均匀用力，微微转动花嘴，使这个颗粒是一个圆鼓鼓的状态。如果颗粒不够圆，在提起花嘴时带出来了尖头，可以用花嘴把鼓出来的尖头轻轻往下戳一戳。

③ 用相同的手法，一个挨一个地把这一圈裱满，使第一颗颗粒和最后一颗颗粒首尾相连。

当锥形底座紧贴裱花钉的这一圈裱满时，将花嘴往上移一些，使花嘴位于刚刚裱好的那圈任意两个颗粒之间。用相同的手法进行裱制，再裱满一圈。

用相同的方法继续往上裱制，每往上一圈，颗粒的大小就稍稍缩小一点儿，直到裱至顶端，把打好的锥形底座裱满为止。

⑥ 树莓的裱制完成。

蓝莓

花嘴型号

10 号、14 号

裱制原料

韩式透明奶油霜

裱制工具

裱花袋、裱花钉、花嘴、油纸、转换器

色素型号

VIOLET、ROYAL BLUE、BLACK

蓝莓的裱制视频

‖ 裱制手法

蓝莓的表面有一层白霜。在装好裱花嘴后，将白色的奶油霜灌入裱花袋，然后用手将奶油霜在裱花袋里适度地揉搓，从而使奶油霜均匀地分布在裱花袋内，再将所有的奶油霜挤出裱花袋。虽然奶油霜被挤出了，但裱花袋上仍残留了少量的白色奶油霜，在此基础上灌入调好的蓝莓色，这样，在裱制时，调好的颜色外面会出现一层不规则的白霜。

② 准备好与裱花钉大小合适的油纸，蘸点奶油霜贴在裱花钉上。

将 10 号花嘴垂直放于距裱花钉大约 0.5 厘米处，裱花钉不动，花嘴保持与花钉的距离不动，将奶油霜挤到裱花钉上后，仍然保持相同的力度继续挤奶油霜，不断的压力使刚刚挤出的奶油霜鼓出圆圆的"肚子"。此时停止挤奶油霜，并转动花钉，使奶油霜从花嘴处中断。

④ 用 14 号花嘴插入刚刚裱好的圆球形奶油霜中，裱花钉不动，挤奶油霜，当看到星星状的造型拔出来一点后，停止挤奶油霜，并移走花嘴即可。

Chapter 3
裱花蛋糕的造型

- 裱花蛋糕的造型和操作
- 裱花杯蛋糕的造型和操作
- 裱花蛋筒的造型和操作

半环形蛋糕

半环形蛋糕在装饰上要体现它的弧度，并且注重弧度的延长，这样看起来会比较舒服。下面我们通过具体的实例来讲解一下。

‖ 构图

‖ 选用花型　规则裱法中的玫瑰、康乃馨；自然裱法中的花毛茛、芍药；树叶

‖ 配色

‖ 工具　裱花钉、裱花嘴、裱花袋、裱花剪、油纸、刮刀、转台、抹刀

‖ 蛋糕胚　戚风蛋糕或海绵蛋糕均可

‖ 原料　韩式透明奶油霜. . . . . .2 份
蛋糕胚 . . . . .1 个

‖ 所用植物　 玫瑰　 康乃馨　 花毛茛　 芍药　 树叶

注：只参考花型

‖ 操作步骤

1 先给蛋糕进行基础的抹面。头脑里要有个大致的效果，也就是花朵要组装成我们上述图示的"构图"中阴影部分的形状。给蛋糕表面挤一些奶油霜，花朵挨个靠着摆在上面。

2 朝内和朝外两个方向都要用裱花剪拾取裱制好的花朵，一个挨一个地斜靠在打好的底上。每朵花之间的搭配尽量有颜色上的差别，不要让颜色完全相同的花朵一连串地摆放在一条线上。

3 朝内和朝外两个方向的花朵之间的空隙较大，要挑一朵大小合适的花朵摆在这个空隙上，一方面能遮挡住花朵之间的空隙，另一方面高度上也有了差别，整体会显得更加丰富。

4 根据"构图"中阴影的形状不断挑选大小合适的花朵进行组装，花朵尽量做得有大有小，这样搭配起来不会显得呆板，给人更加自然和生动的感觉。

5 蛋糕中间的大面上如果很空，也可以选取一些比较零碎的小花苞错落地摆在这里，从而使蛋糕上的花更加生动。之后，将提前冷冻硬的树叶取出，撕掉油纸，用裱花剪将其插入蛋糕上花朵的空隙处，从而使蛋糕更加丰满和灵动。

6 这样装饰完，看起来很丰富，很有层次。

环形蛋糕

环形蛋糕，顾名思义，花朵在组装的过程中是摆放成一个环形。但整个环状内的花朵各自的朝向并不一定相同，花与花之间又紧密相依，非常灵动和自然。下面我们通过实例来详细说明一下。

‖ **构图**

‖ **配色**

‖ **蛋糕胚** 戚风蛋糕或海绵蛋糕均可

‖ **选用花型** 规则裱法中的玫瑰、银莲花；自然裱法中的花毛茛、芍药；树叶

‖ **工具** 裱花钉、裱花嘴、裱花袋、裱花剪、油纸、刮刀、转台、抹刀

‖ **原料** 韩式透明奶油霜............2份
蛋糕胚...................1个

‖ **所用植物** 玫瑰 银莲花 花毛茛 芍药 树叶

注：只参考花型

操作步骤

1

对蛋糕进行抹面，蛋糕表面可以做稍许的晕染，也可以不抹得特别光滑，留有一定的痕迹，这样在环形造型组装完时，中间空白的区域会露出来这些痕迹，也会在整体上觉得很灵动，不那么呆板。选取颜色有差异的花朵一朵挨一朵地进行内外不同角度的摆放，每朵花的朝向可以不同，这样才显得自然。

2a **2b**

整体按照环形的走向，一朵挨一朵地摆放，可以有大有小地搭配在一起，每朵花的朝向尽量不要一致。

3

可以有个别的花突破规则环形的界限，也就是说，这个环形是个大致的走向，并不要求一定是规规矩矩的环形，否则会显得呆板。

4

将冷冻硬的树叶用裱花剪插入到花朵之间的空隙处。

5

如果仍有细小的空隙显得突兀，可以直接用 352 号花嘴在蛋糕的空隙处拔取叶子做装饰；如果空隙并不突兀，也可在蛋糕中留取适量的小空隙，不必给蛋糕上拔取太多的叶子，否则反倒让人压抑而憋闷。

满面蛋糕

　　满面的蛋糕造型需要相当丰富的花朵，但不要平平地摆在蛋糕表面上，因为这么多的花朵如果在高度上没有层次的变化，看起来会很死板，因此在制作满面花朵的蛋糕时，一定要给花朵塑造不同的高度和角度，层次上更丰富，看起来也更加自然和美观。下面通过实例详细进行说明。

‖ **构图**　　●

‖ **配色**　　▨▨▨▨

‖ **蛋糕胚**　戚风蛋糕或海绵蛋糕均可

‖ **选用花型**　规则裱法中的玫瑰、五瓣花；自然花系裱法中的花毛茛、朱丽叶玫瑰；树叶

‖ **工具**　　裱花钉、裱花嘴、裱花袋、裱花剪、油纸、刮刀、转台、抹刀

‖ **原料**　　韩式透明奶油霜．．．．．．．．．．．．．．．2份
　　　　　　蛋糕胚．．．．．．．．．．．．．．．．．．1个

‖ **所用植物**　 玫瑰　　 五瓣花　　 花毛茛　　 朱丽叶玫瑰　　 树叶

　　注：只参考花型

‖操作步骤

1 首先对蛋糕进行抹面操作，并在蛋糕上挤一些奶油霜来打基底，以便后续可以让花朵靠在基底上。

2 用裱花剪选取花朵挨个靠着打好的基底摆放，直到把这圈基底都摆满，使花朵首尾相连。

3 在花朵中间空着的区域填满奶油霜，并且奶油霜的高度要比摆好的花朵稍高一些，整体呈一个圆顶状。斜靠着圆顶状的基底再继续摆放花朵。

4 将蛋糕顶部空白的区域摆满花朵，摆放花朵时要注意不同颜色之间的穿插搭配，不要让同一个颜色大面积连续出现在蛋糕表面上。

5 在花朵的空隙处插入冻好的叶子或小朵的花朵进行装饰。

6 满面裱花蛋糕完成。

单朵花杯蛋糕

‖ **构图**

‖ **配色**

‖ **蛋糕胚**　戚风蛋糕或海绵蛋糕均可

‖ **选用花型**　规则裱法中的蓝盆花；树叶

‖ **工具**　裱花钉、裱花嘴、裱花袋、裱花剪、油纸、刮刀、转台、抹刀

‖ **原料**　韩式透明奶油霜. . . . . .0.3 份
杯蛋糕 1个

‖ **所用植物**　　蓝盆花　　　树叶

注：只参考花型

▌操作步骤

1a

1b

首先准备一个烤好的杯蛋糕，把超出纸杯的部分切掉，使蛋糕表面平整。用抹刀盛一点点奶油霜在抹刀的尖部，将奶油霜在杯蛋糕表面上左右晃动，使其与蛋糕有一定的粘连，然后抹刀与杯蛋糕的纸杯呈 45° 角，斜切着朝纸杯的边缘蹭，这样，位于中间的奶油霜就会均匀地抹到杯蛋糕边缘，且不会蹭到纸杯上，用相同的手法在杯蛋糕的每个边缘都抹一些，这样杯蛋糕的表面就抹好了奶油霜。

2

单一的花朵体现在杯蛋糕上，需要我们提前做一朵花朵，可以做在油纸上，冻好后拿出来用，也可以做一朵立体的花朵。不论是哪一种，都需要做一朵大小与杯蛋糕表面大小差距不大的花朵，过大或过小，都会看起来不协调。

3

当我们摆放单一花朵的花时，可以先在杯蛋糕上随意地摆放一些树叶，这样会使后续摆放的花朵更加生动。

4

然后用裱花剪选取我们要摆放上去的花朵，比较并调整杯蛋糕的方向，选取叶子与花朵搭配起来最好的角度，将花朵用裱花剪落上去。裱花剪落上去后，可以微微晃动，从而使花朵与杯蛋糕表面更加粘连，然后把裱花剪抽取出来即可。

5

单朵花杯蛋糕完成。

多朵花杯蛋糕

‖ 构图 ●

‖ 配色 ▮▮▮▮▮

‖ 蛋糕胚 戚风蛋糕或海绵蛋糕均可

‖ 所用植物

 玫瑰 树叶

注：只参考花型

‖ 选用花型 规则裱法中的玫瑰；树叶

‖ 工具 裱花钉、裱花嘴、裱花袋、裱花剪、油纸、刮刀、转台、抹刀

‖ 原料 韩式透明奶油霜. . . . . .0.3 份
杯蛋糕 .1 个

‖操作步骤

❶ 将杯蛋糕的表面抹平整后打一个环形的奶油霜基底。

❷ 用裱花剪选取裱制好的花朵，将其斜压在打好的底上，直到把这一圈摆满，注意外边缘尽量保持一致，避免太明显的里出外进，影响美观。

❸ 在这一圈花朵的中间用奶油霜打一些底，因为上面空着的部分还需要继续摆放一些花朵，这些花朵或者花苞也是需要靠在奶油霜上的。

❹ 继续按照之前摆放花朵的方法，用裱花剪根据空隙的大小选取花朵，斜压在提前打好的底上，待花朵落稳后，把裱花剪抽出。最终要把上面空出来的部分都填满花朵。

❺ 我们可以做一些叶子，来填充依然存在的一些细小的空隙，也可以直接使用 352 号花嘴，竖对着我们想要填充的缝隙，挤进奶油霜，边挤边微微地左右晃动，这样一片有纹路的叶子就做出来了，可运用这个方法给需要的空隙都做一些叶子。注意，叶子的数量也不能太多，避免喧宾夺主。

❻ 多朵花杯蛋糕完成。

裱花蛋筒的造型和操作

花朵蛋筒

‖ **构图**	⬤	‖ **选用花型**	规则裱法中的玫瑰；树叶
‖ **配色**	▨▨▨▨	‖ **工具**	裱花钉、裱花嘴、裱花袋、裱花剪、油纸、刮刀
‖ **蛋糕胚**	戚风蛋糕或海绵蛋糕均可	‖ **原料**	韩式透明奶油霜. . . . . .0.3 份 杯蛋糕 .1 个

‖ **所用植物**   玫瑰   树叶

注：只参考花型

‖操作步骤

1a 首先我们需要烤制一个蛋糕，根据蛋筒的大小，选取与蛋筒内部相当的切割环对蛋糕进行切割。

1b 将切割好的蛋糕放入蛋筒，这样准备工作就做好了。

2 准备一些奶油霜，给蛋筒蛋糕表面挤一些，为了后续在蛋筒周围放置奶油霜裱花做基底。

3 用裱花剪选取裱制好的花朵，斜靠着打好的基底摆放裱好的花朵，并尽量用花朵把蛋筒的边缘遮挡住。

4 继续用裱花剪选取花朵，斜靠在打好的基底上一朵挨一朵地摆放。

5 其余露出来的细小的空隙里可以用 352 号花嘴直接拔一些叶子，或者插上冻好的叶子作为装饰。这样一个可爱的裱花蛋筒就做好了。

叶子和果实蛋筒

|| 构图

|| 配色 ▦▦▦▦▦▦

|| 蛋糕胚　戚风蛋糕或海绵蛋糕均可

|| 选用花型　仙人球、松果、树莓、棉花、树叶

|| 工具　裱花钉、裱花嘴、裱花袋、裱花剪、油纸、刮刀

|| 原料　韩式透明奶油霜...............0.3份
　　　　杯蛋糕........................1个

|| 所用植物　仙人球　松果　树莓　棉花　树叶

注：只参考花型

|| 操作步骤

切割与蛋筒内部大小相当的蛋糕,填充好一个蛋筒。

2 在蛋筒里面的蛋糕表面挤一些奶油霜,把蛋筒的表面涂抹光滑。

3 用裱花剪选取适合的植物进行摆放。

4 在摆放植物的过程中也可以根据需要,穿插着搭配树叶进行摆放。

5 用 349 号花嘴拔取一些小的枝条做适当的点缀。

6 最后检查一下,如果还有需要装饰的部分,可用裱花剪选取小小的植物进行最后的装饰即可。

Chapter 4
主题裱花蛋糕

- 四季系列
- 节日系列

春

春天万物复苏，树枝上慢慢地长出了嫩芽，有的长出了绿绿的小叶子，有的长出了花朵，一切都是那么清新，象征着无限的生命和希望。因此春天系列的主题蛋糕主要采用了绿和白的颜色搭配，塑造清新自然的效果。

‖构图　　　

‖配色　　　■ ■ ■ ■

‖所用植物

　　牡丹　　　　　蓝莓　　　　树叶

注：只参考花型

‖工具　　　裱花钉、裱花嘴、裱花袋、裱花剪、
　　　　　　油纸、刮刀、抹刀、转台

‖原料　　　韩式透明奶油霜........1份
　　　　　　6 寸蛋糕胚..........1个

‖操作步骤

❶

先给蛋糕进行抹面操作。

❷

将提前做好的叶子，颜色穿插地搭配成环形。

❸

在环状叶片间摆放做好的花朵。

❹

花朵间可以搭配一些小的花朵做装饰，这样会显得
比较精致。这里用一些蓝莓和小花进行装饰，使蛋
糕上的花朵看起来不那么单一，比较丰富。一个清
新的春天主题蛋糕就做好了。

夏

夏天的花朵都烂漫地绽放着，明艳的阳光浓烈而耀眼，人们吃着甜甜的冰淇淋，在海边嬉戏玩耍。夏天系列的主题蛋糕要带给我们鲜明的色彩。这里我们采用满面构图的变形款，搭配出花束的造型，这样缤纷的花束能呼应夏天的主题。

‖ 构图　

‖ 工具　裱花钉、裱花嘴、裱花袋、裱花剪、
　　　　油纸、刮刀、抹刀、转台

‖ 配色

‖ 原料　韩式透明奶油霜. 1份
　　　　加淡奶油的豆沙霜 . . . . 200 克
　　　　6 寸蛋糕胚. 1个

‖ 所用植物

　牡丹　　　　树叶　　　　木槿花　　　朱丽叶玫瑰　　　蓝莓　　　　虞美人　　　芍药

注：只参考花型

‖ 操作步骤

❶
用含淡奶油的豆沙霜提前在油纸上借助 5 号花嘴挤
一些长条的树枝，由于豆沙自然放置会变干，因此
待其变硬了，可以用作我们做花束的枝条。给蛋糕
抹面，表面不用抹得特别平滑，可以留一些奶油霜
游走的痕迹，这样看起来更加自然。将晾干的豆沙
枝条呈花束状摆放在蛋糕表面。

❷
让花朵以不同的角度摆放在蛋糕的大部分空白表面，
有的花朵需要落在其他花朵的上面，形成前后错落
的感觉，塑造大致的花束形态。花与花的空隙点缀
一些小花朵作为装饰，可以让花束看起来更加丰满。

❸
将冻好的树叶搭配到花束中的空隙间，让花束显得
饱满和自然。

❹
这样，一个散发着夏日香气的蛋糕就装饰好了。

秋

秋天给人最深的印象就是那漫山遍野
像火一样炙热的红叶，还有金灿灿的落叶，
当然也有些树叶仍然是绿色的。

‖ 构图　　　

‖ 配色

‖ 工具　　　裱花钉、裱花嘴、裱花袋、裱花剪、
　　　　　　油纸、刮刀、抹刀、转台

‖ 原料　　　韩式透明奶油霜.........2 份
　　　　　　6 寸蛋糕胚..........1 个

‖ 所用植物

百日菊　　　木槿花　　　树叶　　　树莓　　　松果

注：只参考花型

‖ 操作步骤

① 先给蛋糕进行抹面操作。用圆口花嘴塑造一些树枝的效果。

② 在树枝上装饰上已经做好的树叶。树叶摆放的时候要穿插着不同的颜色进行装饰,这样会更生动自然。

③ 在树叶间装饰一些花朵,有的花朵可以露出来,有的花朵可以让树叶遮挡一些,花朵摆放的角度也尽量不要完全一致,否则看起来不自然。

④ 也可以在某些小空隙点缀一些小花,这样会显得更加精致和丰富。蛋糕托盘上也可以顺着蛋糕上叶子飘落的方向散落一些叶子,仿佛被风吹落的树叶。这样似乎也赋予了蛋糕生机与活力,另一方面也让蛋糕不再是一个独立的部分,而与蛋糕底托联合形成了一整幅画。

冬

冬天让人觉得寒冷，嫩绿的树叶和枝条都已枯萎，只剩下冰冷的风雪。如果冬天是一位姑娘，一定是一位冰清玉洁、不惹凡尘的典雅美女，所以我想用蓝色、紫色，搭配出冰冷而又高贵的感觉。

‖ 构图　　　　⬤

‖ 工具　　　　裱花钉、裱花嘴、裱花袋、裱花剪、
　　　　　　　油纸、刮刀、抹刀、转台

‖ 配色　　　　⬜⬜⬜⬜⬛⬛

‖ 原料　　　　韩式透明奶油霜........2份
　　　　　　　6寸蛋糕胚..........1个

‖ 所用植物

虞美人　　芍药　　树叶　　树莓　　松果

注：只参考花型

‖ 操作步骤

❶

先给蛋糕进行抹面操作。我们这里为蛋糕表面进行
了随机的颜色的晕染，晕染的颜色都是蛋糕上要摆
放的花朵中所涉及的颜色。这样有一个小呼应，会
看起来很精致。

❷

选取不同大小和颜色的花朵穿插着进行摆放，摆放
的过程中，尽可能地使花朵朝向不同的方向。

❸

当蛋糕的一圈差不多摆满时，在花朵的空隙处装饰
一些小花朵或叶子。如果空隙很大，小的花朵或叶
子可以成组地装饰在一个区域。小花朵和叶子装饰
在蛋糕上，使蛋糕上有大大小小的花朵和植物出现，
看起来会很精致，很丰满。

❹

冬天主题的蛋糕这样就做好了。

母亲节

　　献给妈妈的蛋糕选择了花语是"妈妈，
我爱你"的康乃馨，还有代表爱和关怀的
玫瑰、虞美人。花朵的主色系我选择了喜
庆的大红色和温柔的粉色。在这两个颜色
的基础上，把明度和纯度进行一些或深或
浅的调整和搭配。

‖ 构图

‖ 工具　　裱花钉、裱花嘴、裱花袋、裱花剪、
　　　　　油纸、刮刀、抹刀、转台

‖ 配色　■ ▢ ▢ ▢ ▢ ▢

‖ 原料　　韩式透明奶油霜........2份
　　　　　6 寸蛋糕胚..........1个

‖ 所用植物

　　玫瑰花　　　康乃馨　　　树叶　　　虞美人

注：只参考花型

‖ 操作步骤

❶ 对蛋糕抹面后，按照前面半环形蛋糕的组装方法将
花朵依次进行摆放。

❷ 半环形的整体造型摆放好后，用一些小花朵对其空
隙部分进行修饰，使蛋糕更加精致。

❸ 将提前做好的叶片插到蛋糕上进行装饰，特别细小
的空隙也可以直接用 352 号花嘴在蛋糕上直接拔取
叶片。

❹ 母亲节蛋糕完成。

情人节

情人节是一个满载着甜蜜和浪漫的节日。所以情人节主题的蛋糕也要给人一种温柔和甜蜜的感觉。蛋糕选择粉嫩而温和的色系。

‖ 构图　　⭕

‖ 工具　裱花钉、裱花嘴、裱花袋、裱花剪、油纸、刮刀、抹刀、转台

‖ 配色　■ ■ ■　　■

‖ 原料　韩式透明奶油霜．．．．．．．2份
　　　　6寸蛋糕胚．．．．．．．．．1个

‖ 所用植物

玫瑰花　　　　树叶

注：只参考花型

‖ 操作步骤

❶ 蛋糕胚进行抹面。

❷ 将裱好的花朵依照环形组装的方法，一朵挨一朵地进行摆放。

❸ 在花朵间的空隙处插上冻好的树叶或其他小装饰物进行点缀，使蛋糕丰富而精致。

❹ 情人节蛋糕完成。

儿童节

小兔子的可爱形象几乎让所有的小朋友喜爱。因此在儿童节为家里的小朋友制作一个小兔子蛋糕，应该会是份特别的惊喜吧！

‖ 构图

‖ 配色

‖ 所用植物

玫瑰花

五瓣花

注：只参考花型

‖ 工具　裱花钉、裱花嘴、裱花袋、裱花剪、刮刀、抹刀、转台、擀面杖、一次性手套

‖ 原料

韩式透明奶油霜. . . . . .2 份

干佩斯 . . . . 600 克

6 寸蛋糕胚 .1 个

‖ 操作步骤

1 由于小兔子耳朵的部分需要立起来的效果，所以选用了干佩斯（干佩斯属于翻糖的一种，特点是易干）作为配合装饰。干佩斯在变干之前，状态类似橡皮泥，所以可以像小时候捏橡皮泥一样做两个兔子耳朵，然后放置在一旁待其变干。同时可以把兔子的眼睛、鼻子、粉红脸蛋儿和小爪子也捏好，放置在一旁备用。

2 蛋糕抹好面，将做好的兔子耳朵放在蛋糕上比一下，看看放置在什么位置比较合适。确定好兔子耳朵的位置后，在准备放置兔子耳朵的位置前后放置裱好的花朵，作为兔子耳朵的基底。就像我们平时摆放花朵需要提前用奶油霜打底，后续花朵需要靠在上面一样。

3 兔子耳朵后面的花朵放好后，就可以开始摆放兔子耳朵了。

4a

4b

兔子耳朵摆放好后，在其前后多放一些做好的花朵，目的是使兔子耳朵稳固不倾倒。

5 除了用小花朵在蛋糕表面进行装饰以外，也可以用 199 号花嘴挤一些多齿的像小糖果一样的造型。如果再穿插不同的颜色，会看起来特别可爱。就这样把蛋糕表面用裱好的花朵或者其他装饰物填满。

6 之后我们就要做小兔子的小脸了。用 2D 号花嘴直对着蛋糕侧壁表面，边挤奶油霜，边逆时针或顺时针转动，直到再次重叠起始点为止。

7 把已经做好的眼睛、鼻子、粉红脸蛋儿和小爪子对应地贴在蛋糕的侧壁上，装饰小兔子。

8 这样，可爱的小兔子就做完了，小朋友一定会喜欢的。

圣诞节

提到圣诞节，不得不想到松树、树莓、松果、棉花，因此我们就用这些元素来搭配一款圣诞气息满满的蛋糕吧！

‖ 构图

‖ 工具 　裱花钉、裱花嘴、油纸、裱花袋、
　　　　 裱花剪、刮刀、抹刀、转台

‖ 配色 ▇▇▇▇

‖ 原料 　韩式透明奶油霜. . . . . . . .2 份
　　　　 6 寸蛋糕胚 . . . . .1 个

‖ 所用植物

棉花　　树叶　　树莓　　松果

注：只参考花型

‖ 操作步骤

❶

对蛋糕进行抹面，挤一些树枝造型的环状物装饰在蛋糕上。

❷

将做好的树叶颜色交错地搭配起来。

❸

将棉花、松果、树莓装饰在树叶间。

❹

用圆口花嘴在蛋糕枝条上适当地点缀些白色或红色的小圆球，使蛋糕更加精致。

Appendix

甜美蛋糕图鉴

虞美人、牡丹、小雏菊

牡丹、花毛莨、虞美人、蓝饰带花

扶郎花、小雏菊、芍药 、蓝饰带花

牡丹、芍药、玫瑰、绣球

花毛茛、牡丹、蓝饰带花、玫瑰

玫瑰

蓝盆花、玫瑰、绣球、五瓣花、菊花

牡丹、花毛茛、小雏菊、芍药

玫瑰、铁线莲、寒丁子

虞美人、牡丹、花毛茛、铁线莲、朱丽叶玫瑰

牡丹、芍药、玫瑰、松果、蓝莓、五瓣花

芍药、花毛莨、牡丹、洋葱花

花毛茛、朱丽叶玫瑰、铁线莲、虞美人、小雏菊

花毛茛、牡丹、朱丽叶玫瑰

奥斯丁玫瑰、玫瑰、虞美人、牡丹、花毛茛、棉花、蓝饰带花